Αρκάς, *Οι Συνομήλικοι*
ΓΕΡΝΑΕΙ ΚΑΛΥΤΕΡΑ
ΟΠΟΙΟΣ ΓΕΡΝΑΕΙ ΤΕΛΕΥΤΑΙΟΣ

Κεντρική διάθεση:
Εκδόσεις «γράμματα»
Γραβιάς 3-5, Αθήνα 106 78, τηλ.: 210-38.07.689

Οι Συνομήλικοι

του Άρκά

γραμματα

ΓΕΡΑΣΙΜΕ, ΠΑΙΖΟΥΜΕ ΜΙΑ ΠΡΕΦΑ;
ΜΑ ΕΙΜΑΣΤΕ ΜΟΝΟ ΔΥΟ!..

...Η ΠΡΕΦΑ ΠΑΙΖΕΤΑΙ ΜΕ ΤΡΕΙΣ!.. ΤΟ ΞΕΧΑΣΕΣ;
ΣΩΣΤΑ!.. ΧΡΕΙΑΖΟΜΑΣΤΕ ΑΛΛΟΝ ΕΝΑΝ.
ΚΑΦΕΝΕΙΟΝ

ΕΠΙΤΡΕΠΕΤΕ;..

οι Συνομήλικοι

ΓΕΡΝΑΕΙ ΚΑΛΥΤΕΡΑ ΟΠΟΙΟΣ ΓΕΡΝΑΕΙ ΤΕΛΕΥΤΑΙΟΣ

του Άρκά

ΤΙ ΕΙΝΑΙ ΑΥΤΟ ΠΑΝΩ ΣΤΗΝ ΤΗΛΕΟΡΑΣΗ;..
...ΑΝ ΕΙΝΑΙ ΔΥΝΑΤΟΝ!.. ΕΝΑ ΥΠΟΘΕΤΟ!
ΜΑ ΕΧΕΙΣ ΞΕΚΟΥΤΙΑΝΕΙ ΕΝΤΕΛΩΣ ΠΙΑ;!. ΤΙ ΔΟΥΛΕΙΑ ΕΧΕΙ ΤΟ ΥΠΟΘΕΤΟ ΠΑΝΩ ΣΤΗΝ ΤΗΛΕΟΡΑΣΗ;
ΘΑ ΤΟ ΕΒΑΛΑ ΚΑΤΑ ΛΑΘΟΣ!..
ΔΗΛΑΔΗ, ΠΟΥ ΝΑ ΥΠΟΘΕΣΩ ΟΤΙ ΕΒΑΛΕΣ ΤΟ ΤΗΛΕΚΟΝΤΡΟΛ;
Αρκάς

ΤΙ ΒΛΕΠΕΙΣ;
ΕΝΑ ΝΤΟΚΙΜΑΝΤΕΡ ΓΙΑ ΤΟ ΚΥΝΗΓΙ!
ΛΟΙΠΟΝ, ΠΑΝΤΑ ΜΟΥ ΕΚΑΝΕ ΕΝΤΥΠΩΣΗ, ΠΟΣΟ ΕΞΥΠΝΑ ΕΙΝΑΙ ΤΑ ΚΥΝΗΓΟΣΚΥΛΑ!.. ΜΟΛΙΣ ΠΕΣΕΙ ΤΟ ΠΟΥΛΙ, ΠΑΝΕ ΚΑΙ ΤΟ ΣΗΚΩΝΟΥΝ!
ΝΑΙ, ΓΙ'ΑΥΤΟ ΕΙΝΑΙ ΚΑΛΑ ΚΑΙ ΣΤΟ ΣΕΞ.
ΚΑΠΟΤΕ ΤΑ ΕΙΧΑ ΜΕ ΜΙΑ ΣΚΥΛΑ ΚΥΝΗΓΙΟΥ, ΑΛΛΑ ΤΑ ΧΑΛΑΣΑ ΓΙΑΤΙ ΕΙΧΕ ΠΕΡΙΕΡΓΑ ΒΙΤΣΙΑ!.. ΗΘΕΛΕ ΝΑ ΝΤΥΝΟΜΑΙ ΛΑΓΟΣ!
ΕΧΕΙΣ ΠΑΕΙ ΜΕ ΠΟΛΛΕΣ ΡΑΤΣΕΣ ΣΚΥΛΩΝ, ΖΑΧΑΡΙΑ;
ΟΥΟΥ!.. ΜΕΧΡΙ ΚΑΙ ΜΕ ΣΚΥΛΑ ΤΟΥ ΑΓΙΟΥ ΒΕΡΝΑΡΔΟΥ ΕΧΩ ΠΑΕΙ!..
...ΗΤΑΝ ΜΙΑ ΧΟΝΤΡΗ ΚΑΙ ΑΣΧΗΜΗ, ΑΛΛΑ ΜΕΤΑ ΤΟ ΤΡΙΤΟ ΚΟΝΙΑΚ, ΜΟΥ ΦΑΙΝΟΤΑΝ ΚΟΥΚΛΑ!
Αρκάς

ΝΥΣΤΑΞΑ!.. ΔΕΝ ΠΑΜΕ ΓΙΑ ΥΠΝΟ;
ΠΕΡΙΜΕΝΕ ΝΑ ΤΕΛΕΙΩΣΟΥΝ ΟΙ ΕΙΔΗΣΕΙΣ...
ΜΑ ΓΙΑΤΙ ΒΛΕΠΕΙΣ ΚΑΘΕ ΒΡΑΔΥ ΤΙΣ ΕΙΔΗΣΕΙΣ;
ΓΙΑ ΝΑ ΕΝΗΜΕΡΩΝΟΜΑΙ ΓΙΑ ΤΗΝ ΠΟΛΙΤΙΚΗ ΚΑΤΑΣΤΑΣΗ.
ΩΡΑΙΑ!..ΓΙΑ ΠΕΣ ΜΟΥ ΤΗ ΓΝΩΜΗ ΣΟΥ ΓΙΑ ΤΗΝ ΚΥΒΕΡΝΗΣΗ.
ΕΙΝΑΙ ΕΝΤΕΛΩΣ ΑΧΡΗΣΤΗ!
ΤΟ ΞΕΡΩ, ΑΛΛΑ ΕΣΥ ΠΕΣ ΤΗ ΜΟΥ ΕΤΣΙ ΚΙ ΑΛΛΙΩΣ.
Αρκάς

ΟΡΙΣΤΕ, ΚΙ ΑΛΛΗ ΛΗΣΤΕΙΑ!.. ΚΑΙ ΟΛΕΣ ΣΕ ΣΠΙΤΙΑ ΗΛΙΚΙΩΜΕΝΩΝ!..
ΜΗΠΩΣ, ΝΑ ΠΑΡΟΥΜΕ ΕΝΑΝ ΣΚΥΛΟ;
ΣΚΥΛΟ;!.. ΚΙ ΕΣΥ ΤΙ ΡΟΛΟ ΠΑΙΖΕΙΣ ΕΔΩ;
ΕΓΩ, ΣΤΗΝ ΗΛΙΚΙΑ ΠΟΥ ΕΙΜΑΙ, ΤΟ ΜΟΝΟ ΠΟΥ ΜΠΟΡΩ ΝΑ ΚΑΝΩ ΣΤΟΝ ΛΗΣΤΗ, ΕΙΝΑΙ ΝΑ ΤΟΝ ΣΥΜΒΟΥΛΕΨΩ.
ΜΠΟΡΕΙΣ ΝΑ ΓΑΥΓΙΣΕΙΣ!.. ΝΑ ΣΕ ΑΚΟΥΣΟΥΝ ΟΙ ΓΕΙΤΟΝΕΣ ΚΑΙ ΝΑ ΕΡΘΟΥΝ!
ΑΠΟΚΛΕΙΕΤΑΙ!.. ΟΤΑΝ ΓΑΥΓΙΖΩ ΜΕ ΠΙΑΝΕΙ ΔΥΣΠΝΟΙΑ!
ΕΙΛΙΚΡΙΝΑ ΑΠΟΡΩ ΓΙΑΤΙ ΣΕ ΚΡΑΤΑΩ ΣΤΟ ΣΠΙΤΙ ΚΑΙ ΣΕ ΤΑΪΖΩ!
ΓΙΑΤΙ ΕΙΜΑΙ ΦΙΛΟΣ ΣΟΥ!..
...Ο ΦΙΛΟΣ ΠΟΥ ΘΑ ΒΡΙΣΚΕΤΑΙ ΠΑΝΤΑ ΕΚΕΙ ΟΤΑΝ ΣΕ ΧΡΕΙΑΖΕΤΑΙ!
Αρκάς

ΦΑΝΤΑΖΕΣΑΙ ΝΑ ΜΠΕΙ ΚΑΝΕΝΑΣ ΚΛΕΦΤΗΣ ΤΗΝ ΩΡΑ ΠΟΥ ΚΟΙΜΟΜΑΣΤΕ;
ΜΗΝ ΑΝΗΣΥΧΕΙΣ!.. ΑΝ ΜΠΕΙ ΚΛΕΦΤΗΣ ΕΔΩ ΜΕΣΑ ΚΑΙ ΔΕΙ ΣΕ ΤΙ ΚΑΤΑΣΤΑΣΗ ΖΕΙΣ, ΜΠΟΡΕΙ ΝΑ ΣΟΥ ΑΦΗΣΕΙ ΚΑΙ ΚΑΤΙ ΦΕΥΓΟΝΤΑΣ.
ΝΑΙ, ΑΛΛΑ ΤΙ ΓΙΝΕΤΑΙ ΑΝ ΝΟΜΙΖΕΙ ΟΤΙ ΕΧΩ ΚΡΥΜΜΕΝΑ ΛΕΦΤΑ ΣΤΟ ΣΤΡΩΜΑ ΜΟΥ ΚΑΙ ΕΡΘΕΙ ΚΑΙ ΜΕ ΣΚΟΤΩΣΕΙ;!.
ΓΙΑΤΙ ΝΑ ΤΟ ΝΟΜΙΖΕΙ ΑΥΤΟ;
ΓΙΑΤΙ ΟΛΟΙ ΟΙ ΗΛΙΚΙΩΜΕΝΟΙ, ΛΙΓΟ-ΠΟΛΥ, ΚΑΤΙ ΕΧΟΥΝ ΣΤΗ ΜΠΑΝΤΑ.
ΣΩΣΤΑ!..
...ΕΝΩ ΕΣΥ ΤΟ ΜΟΝΟ ΠΟΥ ΕΧΕΙΣ ΣΤΗ ΜΠΑΝΤΑ ΕΙΝΑΙ Ο ΞΑΔΕΡΦΟΣ ΣΟΥ ΠΟΥ ΠΑΙΖΕΙ ΤΡΟΜΠΟΝΙ.
Αρκάς

ΣΒΗΣΕ ΕΠΙΤΕΛΟΥΣ ΤΟ ΦΩΣ, ΝΑ ΚΟΙΜΗΘΟΥΜΕ!
ΣΕ ΛΙΓΟ!.. ΝΑ ΤΕΛΕΙΩΣΩ ΤΟ ΚΕΦΑΛΑΙΟ...
ΜΑ, ΔΕ ΜΟΥ ΛΕΣ, ΤΙ ΕΧΕΙΣ ΠΑΘΕΙ, ΣΤΗΝ ΗΛΙΚΙΑ ΣΟΥ ΚΑΙ ΔΙΑΒΑΖΕΙΣ ΚΑΘΕ ΒΡΑΔΥ;.. ΔΕΝ Σ'ΤΟ ΕΧΟΥΝ ΠΕΙ;
ΠΟΙΟ;
ΣΤΟΝ ΤΑΦΟ ΜΠΑΙΝΕΙΣ ΧΩΡΙΣ ΕΞΕΤΑΣΕΙΣ.
Άρκας

ΑΠΟΨΕ ΕΙΔΑ ΕΝΑ ΠΕΡΙΕΡΓΟ ΟΝΕΙΡΟ!.. ΗΜΟΥΝ, ΛΕΕΙ, ΠΑΛΙ ΣΤΟ ΣΧΟΛΕΙΟ ΚΑΙ ΗΤΑΝ ΠΕΡΙΟΔΟΣ ΕΞΕΤΑΣΕΩΝ ΚΑΙ ΕΙΧΑ, ΛΕΕΙ, ΠΟΛΥ ΑΓΧΟΣ ΓΙΑΤΙ ΗΘΕΛΑ ΟΠΩΣΔΗΠΟΤΕ ΝΑ ΠΕΤΥΧΩ!..
ΕΤΣΙ ΕΙΝΑΙ!..
...ΟΤΑΝ ΕΙΣΑΙ ΝΕΟΣ ΘΕΛΕΙΣ ΝΑ ΕΙΣΑΙ ΚΑΛΟΣ ΣΤΙΣ ΕΞΕΤΑΣΕΙΣ ΚΑΙ ΟΤΑΝ ΓΕΡΑΣΕΙΣ ΘΕΛΕΙΣ ΝΑ ΕΙΝΑΙ ΟΙ ΕΞΕΤΑΣΕΙΣ ΣΟΥ ΚΑΛΕΣ!
ΚΙ ΟΜΩΣ, ΠΑΡ'ΟΛΟ ΠΟΥ ΠΕΡΑΣΑΝ ΤΟΣΑ ΧΡΟΝΙΑ ΚΑΙ ΓΕΡΑΣΑ, ΜΕΣΑ ΜΟΥ ΥΠΑΡΧΕΙ ΠΑΝΤΑ ΑΥΤΟΣ Ο ΜΙΚΡΟΣ ΜΑΘΗΤΗΣ ΠΟΥ ΕΙΝΑΙ ΓΕΜΑΤΟΣ ΟΝΕΙΡΑ ΚΑΙ ΔΙΨΑ ΓΙΑ ΜΑΘΗΣΗ ΚΑΙ ΠΡΟΟΔΟ!
ΩΡΑΙΑ!.. ΚΑΙ ΤΙ ΘΕΣ ΤΩΡΑ;..
...ΝΑ ΣΕ ΓΥΡΙΣΟΥΜΕ ΤΟ ΜΕΣΑ ΕΞΩ ΚΑΙ ΝΑ ΠΑΣ ΝΑ ΔΩΣΕΙΣ ΠΑΝΕΛΛΗΝΙΕΣ;
Αρκάς

ΘΕΕ ΜΟΥ!.. ΚΑΘΕ ΠΡΩΙ ΠΟΥ ΚΟΙΤΑΖΟΜΑΙ ΣΤΟΝ ΚΑΘΡΕΦΤΗ ΜΕ ΠΙΑΝΕΙ ΑΠΕΛΠΙΣΙΑ!
ΤΟΥΛΑΧΙΣΤΟΝ ΞΕΡΕΙΣ ΟΤΙ Η ΟΡΑΣΗ ΣΟΥ ΕΙΝΑΙ ΚΑΛΗ.
ΠΩΣ ΚΑΤΑΝΤΗΣΑ ΕΤΣΙ; ΕΓΩ, ΠΟΥ ΟΤΑΝ ΗΜΟΥΝ ΝΕΟΣ, ΕΙΧΑΝ ΝΑ ΤΟ ΛΕΝΕ ΓΙΑ ΤΗΝ ΕΜΦΑΝΙΣΗ ΜΟΥ!..
...ΝΑ ΥΠΗΡΧΕ ΤΟΥΛΑΧΙΣΤΟΝ ΚΑΠΟΙΟΣ ΤΡΟΠΟΣ ΝΑ ΣΤΑΜΑΤΗΣΩ ΝΑ ΧΑΝΩ ΤΑ ΜΑΛΛΙΑ ΜΟΥ!
ΥΠΑΡΧΕΙ!..
Αρκάς

ΠΑΝΤΩΣ, ΠΑΡΑ ΤΑ ΧΡΟΝΙΑ ΜΟΥ, ΔΙΑΤΗΡΩ ΤΗΝ ΕΥΛΥΓΙΣΙΑ ΜΟΥ!
ΠΟΙΑ ΕΥΛΥΓΙΣΙΑ; ΕΣΥ ΓΙΑ ΝΑ ΞΥΣΕΙΣ ΤΟΝ ΣΒΕΡΚΟ ΣΟΥ ΠΡΕΠΕΙ ΝΑ ΠΑΡΕΙΣ ΕΝΑ ΜΗΝΑ ΑΝΤΙΦΛΕΓΜΟΝΩΔΗ.

...ΚΑΙ ΤΟΤΕ Ο ΛΟΧΙΑΣ, ΕΝΑΣ ΑΓΡΙΟΣ ΤΥΠΟΣ ΜΕ ΕΝΑ ΤΕΡΑΣΤΙΟ ΜΟΥΣΤΑΚΙ, ΜΕ ΚΟΙΤΑΕΙ ΚΑΙ ΜΟΥ ΛΕΕΙ: "ΑΥΡΙΟ ΤΟ ΠΡΩΙ ΘΑ ΒΓΕΙΣ ΣΤΗΝ ΑΝΑΦΟΡΑ"...
...ΜΗΠΩΣ Σ'ΤΗΝ ΕΧΩ ΠΕΙ ΚΙ ΑΛΛΗ ΦΟΡΑ ΑΥΤΗ ΤΗΝ ΙΣΤΟΡΙΑ;
Αρκάς

ΚΑΤΙ ΗΘΕΛΑ ΝΑ ΑΓΟΡΑΣΩ, ΟΤΑΝ ΘΑ ΒΓΑΙΝΑΜΕ ΕΞΩ, ΑΛΛΑ ΔΕΝ ΘΥΜΑΜΑΙ ΤΙ!..
...ΤΩΡΑ ΤΕΛΕΥΤΑΙΑ ΕΧΩ ΠΡΟΒΛΗΜΑ ΜΕ ΤΗ ΜΝΗΜΗ ΜΟΥ!..
ΤΟ ΠΑΡΑΤΗΡΗΣΑ...
...ΚΑΙ ΒΑΣΙΚΑ ΜΕ ΤΑ ΟΝΟΜΑΤΑ!.. ΟΤΑΝ ΔΩ ΚΑΠΟΙΟΝ ΓΝΩΣΤΟ, ΤΟΝ ΑΝΑΓΝΩΡΙΖΩ ΒΕΒΑΙΑ ΑΜΕΣΩΣ, ΑΛΛΑ ΜΕΧΡΙ ΝΑ ΘΥΜΗΘΩ ΤΟ ΟΝΟΜΑ ΤΟΥ, ΙΔΡΩΝΩ!
ΦΥΣΙΚΑ!..
...ΓΙΑΤΙ ΜΕΣΟΛΑΒΕΙ ΤΟ ΚΑΛΟΚΑΙΡΙ.
Αρκάς

ΤΙ ΓΡΗΓΟΡΑ ΠΟΥ ΠΕΡΝΑΝΕ ΤΑ ΝΙΑΤΑ!
ΚΑΙ ΤΑ ΓΗΡΑΤΕΙΑ ΠΕΡΝΑΝΕ ΓΡΗΓΟΡΑ! ΡΩΤΑ ΤΟΝ ΦΙΛΟ ΣΟΥ ΤΟΝ ΑΡΙΣΤΕΙΔΗ.
ΜΑ Ο ΑΡΙΣΤΕΙΔΗΣ ΕΧΕΙ ΠΕΘΑΝΕΙ!
ΑΚΡΙΒΩΣ!..
ΕΓΩ ΠΑΝΤΩΣ ΔΕΝ ΣΚΕΠΤΟΜΑΙ ΤΟΝ ΘΑΝΑΤΟ!
ΔΕΝ ΠΕΙΡΑΖΕΙ, ΣΕ ΣΚΕΠΤΕΤΑΙ ΑΥΤΟΣ!..
...ΜΠΟΡΕΙ, ΤΩΡΑ ΠΟΥ ΜΙΛΑΜΕ, ΝΑ ΚΟΙΤΑΖΕΙ ΤΗΝ ΑΤΖΕΝΤΑ ΤΟΥ ΚΑΙ ΝΑ ΒΛΕΠΕΙ ΟΤΙ ΕΙΣΑΙ ΜΙΑ ΑΠ'ΤΙΣ ΔΟΥΛΕΙΕΣ ΠΟΥ ΕΧΕΙ ΓΙΑ ΑΥΡΙΟ!..
ΔΕΝ ΜΕ ΝΟΙΑΖΕΙ!..ΑΥΡΙΟ ΕΙΝΑΙ ΑΛΛΗ ΜΕΡΑ!..ΣΗΜΕΡΑ ΟΜΩΣ, ΕΙΜΑΙ ΖΩΝΤΑΝΟΣ ΚΑΙ ΤΟ ΑΠΟΛΑΜΒΑΝΩ!..
...ΤΟ ΜΥΣΤΙΚΟ ΤΗΣ ΖΩΗΣ ΕΙΝΑΙ ΝΑ ΖΕΙΣ ΚΑΘΕ ΜΕΡΑ ΣΑΝ ΝΑ ΕΙΝΑΙ Η ΤΕΛΕΥΤΑΙΑ ΣΟΥ!
ΑΥΤΟ ΤΟ ΕΚΑΝΕ ΕΝΑΣ ΓΝΩΣΤΟΣ ΜΟΥ ΚΑΙ ΤΟΝ ΕΚΛΕΙΣΑΝ ΜΕΣΑ.
ΓΙΑΤΙ;
ΑΚΑΛΥΠΤΕΣ ΕΠΙΤΑΓΕΣ.
Αρκας

ΠΡΕΠΕΙ ΝΑ ΣΚΕΦΤΩ ΤΙ ΘΑ ΚΑΝΩ ΟΤΑΝ ΠΕΘΑΝΕΙΣ!.. ΠΡΕΠΕΙ ΣΙΓΑ-ΣΙΓΑ ΝΑ ΨΑΧΝΩ ΓΙΑ ΚΑΙΝΟΥΡΙΟ ΑΦΕΝΤΙΚΟ.
ΜΗΝ ΕΙΣΑΙ ΤΟΣΟ ΑΙΣΙΟΔΟΞΟΣ!.. ΜΠΟΡΕΙ ΝΑ ΠΕΘΑΝΕΙΣ ΕΣΥ ΠΡΙΝ ΑΠΟ ΜΕΝΑ.
ΑΛΗΘΕΙΑ, ΑΝ ΠΕΘΑΝΩ ΕΓΩ ΠΡΩΤΟΣ, ΕΣΥ ΘΑ ΠΑΡΕΙΣ ΑΛΛΟΝ ΣΚΥΛΟ;
ΟΧΙ ΒΕΒΑΙΑ!..
...Ο ΜΑΚΑΡΙΤΗΣ Ο ΠΑΤΕΡΑΣ ΜΟΥ ΕΛΕΓΕ ΟΤΙ ΠΟΤΕ ΔΕΝ ΠΡΕΠΕΙ ΝΑ ΚΑΝΟΥΜΕ ΤΟ ΙΔΙΟ ΛΑΘΟΣ ΔΥΟ ΦΟΡΕΣ!..
ΔΗΛΑΔΗ, ΝΑ ΥΠΟΘΕΣΩ, ΟΤΙ ΕΙΣΑΙ ΜΟΝΑΧΟΠΑΙΔΙ!
Αρκάς

ΓΕΙΑ ΣΟΥ, ΓΕΡΑΣΙΜΕ!
ΚΑΛΩΣ ΤΟΝ ΧΑΡΑΛΑΜΠΟ!..
...ΚΑΘΙΣΕ!..
ΠΟΥ ΗΣΟΥΝ ΟΛΟ ΤΟ ΠΡΩΙ;
ΠΗΓΑ ΣΤΗΝ ΚΗΔΕΙΑ ΤΟΥ ΘΑΝΑΣΗ!
ΤΙ ΠΡΑΓΜΑ;!.. ΔΕΝ ΕΙΝΑΙ ΔΥΝΑΤΟΝ!!! ΠΕΘΑΝΕ Ο ΘΑΝΑΣΗΣ;!
ΞΕΡΩ 'ΓΩ;.. ΤΙ ΝΑ ΣΟΥ ΠΩ;..
...ΠΑΝΤΩΣ ΑΝ ΔΕΝ ΠΕΘΑΝΕ, ΘΑ ΕΧΕΙ ΜΕΓΑΛΟ ΠΡΟΒΛΗΜΑ ΕΚΕΙ ΠΟΥ ΤΟΝ ΕΒΑΛΑΝ!
Αρκάς

...ΛΟΙΠΟΝ, ΟΙ ΓΥΝΑΙΚΕΣ ΕΙΝΑΙ ΤΡΕΛΕΣ!.. Η ΑΔΕΛΦΗ ΜΟΥ ΜΟΥ ΖΗΤΗΣΕ ΝΑ ΤΗΣ ΔΑΝΕΙΣΩ ΛΕΦΤΑ ΓΙΑ ΝΑ ΚΑΝΕΙ ΛΙΦΤΙΝΓΚ.
ΠΟΣΩΝ ΧΡΟΝΩΝ ΕΙΝΑΙ;
ΟΓΔΟΝΤΑ.
ΛΙΦΤΙΝΓΚ ΣΤΑ ΟΓΔΟΝΤΑ;.. ΛΙΓΟ ΤΡΑΒΗΓΜΕΝΟ!
Ε, ΒΕΒΑΙΑ!.. ΑΣΕ ΠΟΥ ΔΕΝ ΤΟ ΧΡΕΙΑΖΕΤΑΙ!..
...ΟΤΑΝ ΒΓΑΖΕΙ ΤΟ ΣΟΥΤΙΕΝ ΤΗΣ, ΤΕΝΤΩΝΕΤΑΙ ΤΟ ΠΡΟΣΩΠΟ ΤΗΣ ΚΑΙ ΦΕΥΓΟΥΝ ΟΛΕΣ ΟΙ ΡΥΤΙΔΕΣ!
Αρκας

ΖΑΧΑΡΙΑ, ΕΙΔΕΣ ΠΟΥΘΕΝΑ ΤΗ ΜΑΣΕΛΑ ΜΟΥ;

ΤΙ ΘΑ ΓΙΝΕΙ;.. ΘΑ ΠΑΜΕ ΒΟΛΤΑ;
ΝΑΙ!..ΠΕΡΙΜΕΝΕ ΛΙΓΟ!..
ΤΙ ΝΑ ΠΕΡΙΜΕΝΩ;.. ΝΑ ΕΡΘΕΙ ΣΤΗ ΜΟΔΑ ΤΟ ΚΟΣΤΟΥΜΙ ΣΟΥ;
ΕΧΕΙΣ ΔΙΚΙΟ ΓΙΑ ΤΟ ΚΟΣΤΟΥΜΙ!.. ΤΟ ΦΟΡΑΩ ΕΙΚΟΣΙ ΟΛΟΚΛΗΡΑ ΧΡΟΝΙΑ ΚΑΙ ΕΙΝΑΙ ΚΑΙΡΟΣ ΝΑ ΠΑΡΩ ΚΑΙΝΟΥΡΙΟ!..
ΑΛΛΑ, ΠΕΣ ΜΟΥ, ΠΟΥ ΝΑ ΒΡΩ ΤΑ ΛΕΦΤΑ;
ΣΤΟ ΛΕΞΙΚΟ!..
...ΑΝΑΜΕΣΑ ΣΤΟ "ΛΕΤΣΟΣ" ΚΑΙ ΣΤΟ "ΛΕΧΡΙΤΗΣ".
Αρκάς

ΓΕΙΑ ΣΑΣ!
ΓΕΙΑ ΣΟΥ, ΧΑΡΑΛΑΜΠΕ!.. ΣΤΗ ΛΑΪΚΗ ΠΑΣ;
62
ΟΧΙ, ΣΤΟ ΦΑΡΜΑΚΕΙΟ.
62
Αρκάς

ΞΕΡΕΙΣ ΑΥΤΟΝ ΠΟΥ ΜΕΝΕΙ ΣΤΗ ΜΟΝΟΚΑΤΟΙΚΙΑ, ΣΤΗ ΓΩΝΙΑ;.. ΑΚΟΥΣΑ ΟΤΙ Η ΓΥΝΑΙΚΑ ΤΟΥ ΕΦΥΓΕ ΜΕ ΤΟΝ ΚΗΠΟΥΡΟ...
Α, ΤΟΝ ΚΑΗΜΕΝΟ!..ΘΑ ΠΡΕΠΕΙ ΝΑ ΗΤΑΝ ΒΑΡΥ ΤΟ ΠΛΗΓΜΑ!
ΜΠΑ!.. ΔΕΝ ΕΧΕΙ ΜΕΓΑΛΟ ΚΗΠΟ.
ΤΕΛΙΚΑ ΕΙΝΑΙ ΠΟΛΥ ΔΥΣΚΟΛΟ ΠΡΑΓΜΑ Ο ΓΑΜΟΣ!..
ΣΥΜΦΩΝΩ!
ΕΣΥ ΠΑΝΤΩΣ ΚΑΤΑΦΕΡΕΣ ΝΑ ΚΑΝΕΙΣ ΜΙΑ ΓΥΝΑΙΚΑ ΕΥΤΥΧΙΣΜΕΝΗ.
ΜΑ ΕΓΩ ΔΕΝ ΠΑΝΤΡΕΥΤΗΚΑ!
Αρκάς
ΑΚΡΙΒΩΣ!

ΑΛΗΘΕΙΑ, ΓΕΡΑΣΙΜΕ, ΓΙΑΤΙ ΔΕΝ ΠΑΝΤΡΕΥΤΗΚΕΣ;
ΔΕΝ ΞΕΡΩ!..ΟΤΑΝ ΗΜΟΥΝ ΝΕΟΣ ΠΙΣΤΕΥΑ ΟΤΙ ΕΧΩ ΟΛΟ ΤΟΝ ΚΑΙΡΟ ΜΠΡΟΣΤΑ ΜΟΥ!.. ΝΟΜΙΖΑ ΟΤΙ ΔΕΝ ΘΑ ΓΕΡΑΣΩ ΠΟΤΕ!..
...ΗΜΟΥΝ, ΑΠΟ ΤΗ ΦΥΣΗ ΜΟΥ, ΑΙΣΙΟΔΟΞΟΣ ΑΝΘΡΩΠΟΣ!.. ΠΑΝΤΑ ΕΒΛΕΠΑ ΤΟ ΠΟΤΗΡΙ ΜΙΣΟΓΕΜΑΤΟ!..
...ΑΚΟΜΑ ΚΑΙ ΤΩΡΑ ΕΤΣΙ ΤΟ ΒΛΕΠΩ!
ΝΑΙ, ΑΛΛΑ ΤΩΡΑ, ΕΧΕΙ ΤΗ ΜΑΣΕΛΑ ΣΟΥ ΜΕΣΑ.
Αρκάς

ΓΡΑΦΕΙΟ ΤΕΛΕΤΩΝ
ΑΠΟ ΑΥΡΙΟ ΘΑ ΑΛΛΑΞΟΥΜΕ ΔΡΟΜΟ ΟΤΑΝ ΘΑ ΒΓΑΙΝΟΥΜΕ ΒΟΛΤΑ...
ΓΙΑΤΙ;
ΓΙΑΤΙ ΚΑΘΕ ΦΟΡΑ ΠΟΥ ΠΕΡΝΑΩ ΑΠΟ 'ΔΩ, ΑΥΤΟΣ, ΕΚΕΙ ΜΕΣΑ, ΜΟΥ ΚΛΕΙΝΕΙ ΤΟ ΜΑΤΙ!
ΔΙΑΝΥΚΤΡΕΥΕΙ
Αρκάς

ΓΡΑΦΕΙΟ ΤΕΛΕΤΩΝ
...ΙΣΩΣ ΦΤΑΙΕΙ Η ΗΛΙΚΙΑ ΜΟΥ, ΑΛΛΑ ΚΑΘΕ ΦΟΡΑ ΠΟΥ ΒΛΕΠΩ ΓΡΑΦΕΙΟ ΚΗΔΕΙΩΝ ΣΦΙΓΓΕΤΑΙ Η ΨΥΧΗ ΜΟΥ!..
ΣΕ ΚΑΤΑΛΑΒΑΙΝΩ!..
...ΤΑ ΓΡΑΦΕΙΑ ΚΗΔΕΙΩΝ ΕΙΝΑΙ ΣΑΝ ΚΙ ΕΚΕΙΝΑ ΤΑ ΣΚΟΝΙΣΜΕΝΑ ΧΑΛΙΑ ΠΟΥ ΕΧΕΙΣ ΣΤΟ ΠΑΤΑΡΙ!..
ΔΗΛΑΔΗ;
ΠΕΡΙΜΕΝΟΥΝ ΠΟΤΕ ΘΑ ΤΑ ΤΙΝΑΞΕΙΣ.
Αρκάς

ΜΠΟΡΕΙ ΣΤΗ ΖΩΗ ΜΟΥ ΝΑ ΜΗΝ ΕΚΑΝΑ ΛΕΦΤΑ, ΑΠΕΚΤΗΣΑ ΟΜΩΣ ΜΕΓΑΛΗ ΕΜΠΕΙΡΙΑ!
ΦΥΣΙΚΑ!.. ΕΜΠΕΙΡΙΑ ΕΙΝΑΙ ΑΥΤΟ ΠΟΥ ΑΠΟΚΤΑΣ, ΟΤΑΝ ΔΕΝ ΑΠΟΚΤΑΣ ΑΥΤΟ ΠΟΥ ΘΕΣ

ΚΑΙΡΟ ΕΧΕΙ ΝΑ ΕΡΘΕΙ Ο ΧΑΡΑΛΑΜΠΟΣ.
ΝΑΙ, ΕΙΝΑΙ ΛΙΓΟ ΑΔΙΑΘΕΤΟΣ...
ΑΣ ΕΛΠΙΣΟΥΜΕ ΟΤΙ ΔΕΝ ΘΑ ΕΙΝΑΙ ΚΑΤΙ ΠΕΡΑΣΤΙΚΟ.
ΜΑ ΓΙΑΤΙ ΕΙΣΑΙ ΤΟΣΟ ΚΑΚΟΣ;.. ΤΙ ΣΟΥ ΕΧΕΙ ΚΑΝΕΙ Ο ΑΝΘΡΩΠΟΣ;
ΔΕΝ ΤΟΝ ΜΠΟΡΩ, ΓΙΑΤΙ ΕΙΝΑΙ ΗΛΙΘΙΟΣ!
ΔΕΝ ΕΙΝΑΙ ΚΑΘΟΛΟΥ ΗΛΙΘΙΟΣ!.. ΥΠΟΦΕΡΕΙ ΑΠΟ ΑΛΤΣΧΑΪΜΕΡ, ΚΑΙ ΠΑΡ'ΟΛΑ ΑΥΤΑ ΤΟ ΠΑΛΕΥΕΙ Ο ΚΑΗΜΕΝΟΣ!.. ΔΕΝ ΤΟ ΒΑΖΕΙ ΚΑΤΩ!
Σ'ΑΥΤΟ ΕΧΕΙΣ ΔΙΚΙΟ!..
...Η ΑΓΑΠΗΜΕΝΗ ΦΡΑΣΗ ΤΟΥ ΧΑΡΑΛΑΜΠΟΥ ΕΙΝΑΙ: "ΑΝ ΔΕΝ ΝΙΚΗΣΩ ΤΟ ΑΛΤΣΧΑΪΜΕΡ ΝΑ ΜΗ ΜΕ ΛΕΝΕ ΗΛΙΑ!"
Αρκάς

...ΑΥΤΑ ΠΟΥ ΛΕΣ, ΧΑΡΑΛΑΜΠΕ!..
ΜΑ ΤΙ ΚΑΘΕΣΑΙ, ΡΕ ΓΕΡΑΣΙΜΕ, ΚΑΙ ΜΙΛΑΣ Σ'ΑΥΤΟΝ ΤΟΝ ΞΕΚΟΥΤΗ;.. ΑΦΟΥ ΕΙΝΑΙ ΣΑΝ ΝΑ ΜΙΛΑΣ ΣΤΟΝ ΤΟΙΧΟ!..
...Η ΜΟΝΗ ΔΙΑΦΟΡΑ ΤΟΥ ΧΑΡΑΛΑΜΠΟΥ ΑΠ' ΤΟΝ ΤΟΙΧΟ ΕΙΝΑΙ ΟΤΙ Ο ΧΑΡΑΛΑΜΠΟΣ ΔΕΝ ΕΧΕΙ ΣΟΒΑΤΕΠΙ!
ΓΕΡΑΣΙΜΕ, ΔΕΝ ΗΡΘΑ ΕΔΩ ΓΙΑ ΝΑ ΜΕ ΠΡΟΣΒΑΛΟΥΝ!
ΜΠΑ; ΠΟΥ ΠΑΣ ΣΥΝΗΘΩΣ ΓΙΑ ΝΑ ΣΕ ΠΡΟΣΒΑΛΟΥΝ;
ΣΕ ΠΛΗΡΟΦΟΡΩ, ΗΛΙΘΙΟ ΣΚΥΛΙ, ΟΤΙ ΤΟ ΜΥΑΛΟ ΜΟΥ ΛΕΙΤΟΥΡΓΕΙ ΚΑΛΥΤΕΡΑ ΑΠ' ΤΟ ΔΙΚΟ ΣΟΥ!
ΑΛΗΘΕΙΑ; ΓΙΑ ΠΕΣ ΜΟΥ ΛΟΙΠΟΝ, ΤΙ ΕΙΝΑΙ ΤΩΡΑ: ΜΕΡΑ Ή ΝΥΧΤΑ;
...ΣΟΥ ΔΙΝΩ ΤΡΕΙΣ ΕΥΚΑΙΡΙΕΣ ΓΙΑ ΝΑ ΤΟ ΒΡΕΙΣ.
Αρκάς

ΘΥΜΑΣΑΙ ΤΗΝ ΕΛΕΝΗ, ΤΗΝ ΨΗΛΗ, ΠΟΥ ΕΜΕΝΕ ΣΤΟ ΔΙΩΡΟΦΟ;
ΒΕΒΑΙΑ!.. ΤΙ ΚΑΝΕΙ;
ΠΕΘΑΝΕ ΤΗΝ ΠΕΡΑΣΜΕΝΗ ΕΒΔΟΜΑΔΑ.
ΣΟΒΑΡΑ;.. ΑΥΤΗ ΔΕΝ ΗΤΑΝ ΑΔΕΛΦΗ ΤΗΣ ΓΕΩΡΓΙΑΣ ΠΟΥ ΠΕΘΑΝΕ ΠΕΡΥΣΙ;
ΝΑΙ, ΒΕΒΑΙΑ!..
ΠΕΘΑΝΕ ΚΑΙ Η ΜΑΡΙΑ Η ΞΑΝΘΙΑ. ΤΟ ΕΜΑΘΕΣ;..
ΟΧΙ, ΠΟΤΕ ΠΕΘΑΝΕ;
ΠΡΟΧΤΕΣ ΠΗΓΑ ΣΤΟ ΜΝΗΜΟΣΥΝΟ.
ΝΑ 'ΣΑΙ ΚΑΛΑ, ΒΡΕ ΓΕΡΑΣΙΜΕ, ΘΥΜΗΘΗΚΑ ΤΑ ΝΙΑΤΑ ΜΑΣ!..
...ΚΑΙ ΤΟΤΕ, ΚΑΘΕ ΦΟΡΑ ΠΟΥ ΒΡΙΣΚΟΜΑΣΤΑΝ, ΜΙΛΑΓΑΜΕ ΓΙΑ ΓΚΟΜΕΝΕΣ!
Αρκάς

...ΕΝΩ Η ΜΝΗΜΗ ΜΟΥ ΕΙΝΑΙ ΧΑΛΙΑ, ΧΘΕΣ ΘΥΜΗΘΗΚΑ ΤΟ ΕΞΗΣ: ΟΤΑΝ ΗΜΟΥΝ ΣΤΗΝ ΠΡΩΤΗ ΔΗΜΟΤΙΚΟΥ, ΕΙΧΑ ΤΣΙΜΠΗΣΕΙ ΜΙΑ ΣΥΜΜΑΘΗΤΡΙΑ ΜΟΥ ΣΤΟΝ ΠΙΣΙΝΟ!..
...ΤΕΛΙΚΑ, ΟΤΑΝ ΓΕΡΝΑΣ, ΘΥΜΑΣΑΙ ΜΟΝΟ ΤΑ ΣΗΜΑΝΤΙΚΑ ΠΡΑΓΜΑΤΑ!
ΣΟΥ ΑΡΕΣΑΝ ΟΙ ΓΥΝΑΙΚΕΣ, ΧΑΡΑΛΑΜΠΕ!.. Ε;
ΦΥΣΙΚΑ!.. ΚΑΙ ΤΩΡΑ Μ'ΑΡΕΣΟΥΝ!..
...ΘΑ ΣΟΥ ΕΞΟΜΟΛΟΓΗΘΩ ΚΑΤΙ: ΕΧΩ ΠΕΡΑΣΕΙ ΤΑ ΟΓΔΟΝΤΑ ΚΙ ΑΚΟΜΑ ΚΥΝΗΓΑΩ ΓΥΝΑΙΚΕΣ...
...ΑΛΛΑ ΤΩΡΑ ΠΙΑ, ΜΟΝΟ ΣΤΗΝ ΚΑΤΗΦΟΡΑ.
Αρκάς

ΘΕΣ ΝΑ ΔΟΥΜΕ ΛΙΓΟ ΤΗΛΕΟΡΑΣΗ, ΧΑΡΑΛΑΜΠΕ;
ΜΠΑ!.. ΟΛΟ ΑΝΟΗΣΙΕΣ ΕΧΕΙ!..
ΜΟΝΟ ΑΡΓΑ ΤΗ ΝΥΧΤΑ ΑΞΙΖΕΙ, ΠΟΥ ΒΑΖΕΙ ΚΑΜΙΑ ΠΟΝΗΡΗ ΤΑΙΝΙΑ..
ΚΑΘΕΣΑΙ ΚΑΙ ΒΛΕΠΕΙΣ ΤΑΙΝΙΕΣ ΠΟΡΝΟ;
ΝΑΙ, ΑΛΛΑ ΜΕ ΜΕΓΑΛΗ ΔΥΣΚΟΛΙΑ!
ΓΙΑΤΙ;
ΓΙΑΤΙ ΟΤΑΝ ΕΡΕΘΙΖΟΜΑΙ, Ο ΒΗΜΑΤΟΔΟΤΗΣ ΜΟΥ ΑΝΟΙΓΟΚΛΕΙΝΕΙ ΤΗΝ ΤΗΛΕΟΡΑΣΗ.
Αρκάς

ΔΕΝ ΘΑ ΤΟ ΠΙΣΤΕΨΕΙΣ, ΓΕΡΑΣΙΜΕ, ΑΛΛΑ ΠΑΡΑ ΤΗΝ ΗΛΙΚΙΑ ΜΟΥ, ΕΙΜΑΙ ΠΟΛΥ ΚΑΛΟΣ ΣΤΟ ΚΡΕΒΑΤΙ!
ΠΟΥ ΤΟ ΞΕΡΕΙΣ; ΣΟΥ ΤΟ ΛΕΝΕ ΟΙ ΓΙΑΤΡΟΙ ΣΤΑ ΝΟΣΟΚΟΜΕΙΑ ΠΟΥ ΝΟΣΗΛΕΥΕΣΑΙ;
ΔΕΝ ΝΟΣΗΛΕΥΟΜΑΙ ΣΕ ΝΟΣΟΚΟΜΕΙΑ!.. ΕΙΜΑΙ ΟΓΔΟΝΤΑΠΕΝΤΕ ΧΡΟΝΩΝ ΚΙ ΟΜΩΣ ΣΠΑΝΙΑ ΑΡΡΩΣΤΑΙΝΩ! ...ΕΙΜΑΙ ΣΚΛΗΡΟΤΡΑΧΗΛΟΣ ΕΓΩ!
ΑΥΤΟ ΠΩΣ ΤΟ ΕΠΑΘΕΣ;.. ΠΗΡΕΣ ΒΙΑΓΚΡΑ ΚΑΙ ΣΟΥ ΕΚΑΤΣΕ ΣΤΟ ΛΑΙΜΟ;
ΔΕΝ ΧΡΕΙΑΖΟΜΑΙ ΕΓΩ ΒΙΑΓΚΡΑ!.. ΔΕΝ ΠΑΙΡΝΩ ΠΟΤΕ ΤΕΤΟΙΑ ΠΡΑΓΜΑΤΑ!
ΚΑΤΑΛΑΒΑ...
Αρκάς
...ΕΙΣΑΙ ΤΗΣ ΑΠΟΨΗΣ ΟΤΙ ΤΙΣ ΓΥΝΑΙΚΕΣ ΠΡΕΠΕΙ ΝΑ ΤΙΣ ΠΑΙΡΝΟΥΜΕ ΜΕ ΤΟ ΜΑΛΑΚΟ.

ΕΥΤΥΧΩΣ ΠΟΥ ΔΕΝ ΕΧΩ ΚΑΝΕΝΑ ΠΑΘΟΣ !..
ΣΤΗΝ ΗΛΙΚΙΑ ΣΟΥ ΤΑ ΠΑΘΗ Ή ΕΧΟΥΝ ΑΤΟΝΗΣΕΙ Ή Σ' ΤΑ ΕΧΟΥΝ ΑΦΑΙΡΕΣΕΙ ΧΕΙΡΟΥΡΓΙΚΑ.

ΑΧ!..ΕΦΥΓΑΝ ΤΑ ΧΡΟΝΙΑ ΚΑΙ ΤΑ ΟΝΕΙΡΑ ΜΑΣ ΕΜΕΙΝΑΝ ΑΠΡΑΓΜΑΤΟΠΟΙΗΤΑ!.. "ΠΟΥ ΕΙΣΑΙ ΝΙΟΤΗ ΠΟΥ 'ΛΕΓΕΣ ΠΩΣ ΘΑ ΓΙΝΟΜΟΥΝ ΑΛΛΟΣ"...
ΔΙΚΙΟ ΕΧΕΙΣ!.. ΚΙ ΕΓΩ, ΟΤΑΝ ΗΜΟΥΝ ΝΕΟΣ, ΗΘΕΛΑ ΝΑ ΓΙΝΩ ΒΙΟΛΙΣΤΗΣ, ΑΛΛΑ Η ΖΩΗ ΤΑ ΕΦΕΡΕ ΑΛΛΙΩΣ!
ΕΠΑΙΖΕΣ ΒΙΟΛΙ;
ΟΧΙ!.. ΔΕΝ ΕΙΧΑ ΚΑΝΕΝΑ ΤΑΛΕΝΤΟ ΣΤΗ ΜΟΥΣΙΚΗ, ΑΛΛΑ ΔΕΝ ΜΟΥ ΔΟΘΗΚΕ ΠΟΤΕ Η ΕΥΚΑΙΡΙΑ ΝΑ ΤΟ ΑΠΟΔΕΙΞΩ!..
...ΜΙΚΡΟΣ, ΒΕΒΑΙΑ ΜΑΘΑΙΝΑ ΠΙΑΝΟ, ΑΛΛΑ ΜΕ ΣΤΑΜΑΤΗΣΑΝ.
ΓΙΑΤΙ;
ΓΙΑΤΙ ΟΤΑΝ ΕΠΑΙΖΑ, ΤΟ ΠΙΑΝΟ ΑΚΟΥΓΟΤΑΝ ΣΑΝ ΝΑ ΤΟΥ ΕΧΕΙ ΠΑΤΗΣΕΙ ΚΑΠΟΙΟΣ ΤΗΝ ΟΥΡΑ.
Αρκάς

ΑΥΤΑ ΠΟΥ ΛΕΣ, ΚΑΛΕ ΜΟΥ ΦΙΛΕ!..
ΠΡΕΠΕΙ ΝΑ ΣΟΥ ΠΩ, ΧΑΡΑΛΑΜΠΕ, ΟΤΙ ΜΕ ΤΙΜΑΕΙ ΠΟΥ ΜΕ ΘΕΩΡΕΙΣ ΚΑΛΟ ΣΟΥ ΦΙΛΟ!
BEER GOLD
ΔΕΝ ΕΙΝΑΙ ΑΥΤΟ!.. ΑΠΛΩΣ ΞΕΧΝΑΩ ΤΟ ΟΝΟΜΑ ΣΟΥ...
...Η ΜΝΗΜΗ ΜΟΥ ΟΣΟ ΠΑΕΙ ΚΑΙ ΧΕΙΡΟΤΕΡΕΥΕΙ... ΟΛΟ ΚΑΙ ΠΕΡΙΣΣΟΤΕΡΟ, ΘΥΜΑΜΑΙ ΟΛΟ ΚΑΙ ΛΙΓΟΤΕΡΟ
ΚΑΙ Η ΔΙΚΗ ΜΟΥ ΜΝΗΜΗ ΧΑΛΙΑ ΕΙΝΑΙ...
...ΚΑΘΕ ΦΟΡΑ ΠΟΥ ΒΓΑΙΝΩ ΑΠ' ΤΗΝ ΤΟΥΑΛΕΤΑ ΞΕΧΝΑΩ ΝΑ ΚΟΥΜΠΩΣΩ ΤΟ ΠΑΝΤΕΛΟΝΙ ΜΟΥ!
ΣΙΓΑ ΤΟ ΠΡΑΓΜΑ!..
Αρκάς
...ΕΓΩ ΚΑΘΕ ΦΟΡΑ ΠΟΥ ΜΠΑΙΝΩ ΣΤΗΝ ΤΟΥΑΛΕΤΑ ΞΕΧΝΑΩ ΝΑ ΞΕΚΟΥΜΠΩΣΩ ΤΟ ΠΑΝΤΕΛΟΝΙ ΜΟΥ.

ΜΠΑ;!. ΗΡΘΕΣ ΕΠΙΤΕΛΟΥΣ;.. ΠΟΥ ΗΣΟΥΝΑ ΟΛΟ ΤΟ ΑΠΟΓΕΥΜΑ;
ΚΑΘΟΜΟΥΝΑ ΜΕ ΤΟΝ ΑΡΤΈΜΗ ΣΤΟ ΚΑΦΕΝΕΙΟ ΚΑΙ ΒΛΕΠΑΜΕ ΤΗΛΕΟΡΑΣΗ.
ΩΡΑΙΑ!.. ΕΣΥ: ΑΡΤΈΜΗΣ ΚΑΙ ΘΕΑΜΑΤΑ, ΚΙ ΕΓΩ ΚΛΕΙΣΜΕΝΟΣ ΕΔΩ ΜΕΣΑ, ΟΛΟΜΟΝΑΧΟΣ ΣΤΟΥΣ ΤΕΣΣΕΡΙΣ ΤΟΙΧΟΥΣ!
ΓΙΑ ΝΑ ΣΟΥ ΠΩ!.. ΕΓΩ ΕΜΕΙΝΑ ΑΝΥΠΑΝΤΡΟΣ ΓΙΑ ΝΑ ΕΙΜΑΙ ΕΛΕΥΘΕΡΟΣ!.. ΔΕΝ ΘΑ ΕΧΩ ΤΩΡΑ ΕΣΕΝΑ ΝΑ ΜΟΥ ΚΑΝΕΙΣ ΕΛΕΓΧΟ!
ΕΜΕΙΝΕΣ ΑΝΥΠΑΝΤΡΟΣ ΓΙΑΤΙ ΕΙΣΑΙ ΑΣΧΗΜΟΣ, ΦΤΩΧΟΣ, ΚΑΙ ΑΠΟΤΥΧΗΜΕΝΟΣ ΚΑΙ ΔΕΝ ΣΕ ΗΘΕΛΕ ΚΑΜΙΑ ΓΥΝΑΙΚΑ!.. ΚΑΙ ΚΑΤΑΝΤΗΣΕΣ ΣΤΑ ΓΕΡΑΜΑΤΑ ΜΑΓΚΟΥΦΗΣ, ΝΑ ΓΥΡΝΑΣ ΑΠΟ ΚΑΦΕΝΕΙΟ ΣΕ ΚΑΦΕΝΕΙΟ, ΜΕΧΡΙ ΝΑ ΨΟΦΗΣΕΙΣ ΜΠΡΟΣΤΑ ΣΕ ΚΑΠΟΙΑ ΤΗΛΕΟΡΑΣΗ!
ΤΩΡΑ ΚΑΤΑΛΑΒΑΙΝΩ ΓΙΑΤΙ ΣΤΗΝ ΚΙΝΑ ΣΑΣ ΤΡΩΝΕ.
Αρκάς

ΕΛΑ, ΣΟΥ ΕΦΤΙΑΞΑ ΚΑΦΕ!
ΜΠΑ; ΠΩΣ ΑΥΤΟ;.. ΔΕΝ Μ'ΕΧΕΙΣ ΣΥΝΗΘΙΣΕΙ ΣΕ ΤΕΤΟΙΑ!..
ΑΚΟΥΣΕ...ΘΕΛΩ ΝΑ ΖΗΤΗΣΩ ΣΥΓΝΩΜΗ, ΠΟΥ ΣΟΥ ΜΙΛΗΣΑ ΑΣΧΗΜΑ ΠΡΟΗΓΟΥΜΕΝΩΣ!.. ΕΙΧΑ ΕΚΝΕΥΡΙΣΤΕΙ ΚΑΙ ΗΜΟΥΝ ΑΔΙΚΟΣ ΜΑΖΙ ΣΟΥ!
ΕΝΤΑΞΕΙ, ΣΕ ΣΥΓΧΩΡΩ!..
ΠΑΩ ΝΑ ΧΥΣΩ ΤΟΝ ΚΑΦΕ...
?
ΔΟΛΟΦΟΝΕ!
Αρκάς

ΖΑΧΑΡΙΑ, ΕΧΕ ΤΟ ΝΟΥ ΣΟΥ ΜΗΠΩΣ ΧΤΥΠΗΣΕΙ ΤΟ ΚΟΥΔΟΥΝΙ!..ΠΕΡΙΜΕΝΩ ΤΟΝ ΧΑΡΑΛΑΜΠΟ!
ΠΑΛΙ ΘΑ ΜΑΣ ΚΟΥΒΑΛΗΘΕΙ ΑΥΤΟΣ Ο ΞΕΚΟΥΤΗΣ;
ΜΠΟΡΕΙΣ, ΣΕ ΠΑΡΑΚΑΛΩ, ΝΑ ΜΟΥ ΕΞΗΓΗΣΕΙΣ ΓΙΑΤΙ ΔΕ ΣΥΜΠΑΘΕΙΣ ΚΑΝΕΝΑΝ ΑΠ'ΤΟΥΣ ΦΙΛΟΥΣ ΜΟΥ;
ΠΟΙΟΥΣ ΦΙΛΟΥΣ; ΔΥΟ ΕΧΕΙΣ ΟΛΟΥΣ ΚΙ ΟΛΟΥΣ: ΤΟΝ ΧΑΡΑΛΑΜΠΟ ΠΟΥ ΤΑ ΕΧΕΙ ΧΑΜΕΝΑ ΚΑΙ ΤΟΝ ΑΡΤΕΜΗ ΠΟΥ ΕΙΝΑΙ ΕΚ ΓΕΝΕΤΗΣ ΗΛΙΘΙΟΣ!
ΟΡΙΣΤΕ !.. ΤΩΡΑ ΓΙΑΤΙ ΛΕΣ ΗΛΙΘΙΟ ΤΟΝ ΑΡΤΕΜΗ;.. ΜΠΟΡΕΙΣ ΝΑ ΜΟΥ ΠΕΙΣ;
ΕΥΧΑΡΙΣΤΩΣ!..
...ΓΙΑ ΠΕΣ ΜΟΥ, ΠΩΣ ΟΝΟΜΑΣΕ ΤΟΝ ΓΙΟ ΤΟΥ;
ΓΙΑΤΙ;
"ΘΕΙΟ".
ΑΠ' ΤΟΝ ΑΔΕΛΦΟ ΤΗΣ ΜΑΝΑΣ ΤΟΥ.
Αρκάς

ΧΑΡΑΛΑΜΠΕ, ΝΑ ΦΤΙΑΞΩ ΚΑΦΕ;
ΟΧΙ, ΘΑ ΜΟΥ ΦΕΡΕΙ ΝΕΥΡΑ!.. ΚΑΙ ΕΙΜΑΙ ΗΔΗ ΠΟΛΥ ΕΚΝΕΥΡΙΣΜΕΝΟΣ!
ΓΙΑΤΙ;
ΓΙΑΤΙ ΧΘΕΣ ΓΝΩΡΙΣΑ ΜΙΑ ΚΥΡΙΑ ΣΕ ΜΙΑ ΚΑΦΕΤΕΡΙΑ ΚΑΙ ΜΟΥ ΕΔΩΣΕ ΤΟ ΤΗΛΕΦΩΝΟ ΤΗΣ, ΑΛΛΑ ΤΟ ΕΧΑΣΑ!.. ΔΗΛΑΔΗ ΔΕΝ ΘΥΜΑΜΑΙ ΑΝ ΤΟ ΣΗΜΕΙΩΣΑ, ΑΛΛΑ ΑΝ ΤΟ ΣΗΜΕΙΩΣΑ ΔΕΝ ΘΥΜΑΜΑΙ ΠΟΥ ΕΒΑΛΑ ΤΟ ΧΑΡΤΙ!..
...ΓΙΑ ΝΑ ΠΩ ΤΗΝ ΑΛΗΘΕΙΑ, ΔΕΝ ΘΥΜΑΜΑΙ ΚΑΝ ΑΝ ΜΟΥ ΕΔΩΣΕ ΤΟ ΤΗΛΕΦΩΝΟ ΤΗΣ, ΑΛΛΑ ΘΥΜΑΜΑΙ ΣΙΓΟΥΡΑ ΟΤΙ ΤΗΣ ΕΠΙΑΣΑ ΚΟΥΒΕΝΤΑ ΚΑΙ ΜΙΛΑΓΑΜΕ ΠΟΛΛΗ ΩΡΑ!
ΕΙΜΑΙ ΠΕΡΙΕΡΓΟΣ, ΒΡΕ ΧΑΡΑΛΑΜΠΕ, ΠΩΣ ΠΙΑΝΕΙΣ ΚΟΥΒΕΝΤΑ ΣΤΙΣ ΓΥΝΑΙΚΕΣ ΣΤΙΣ ΚΑΦΕΤΕΡΙΕΣ!.. ΤΙ ΤΟΥΣ ΛΕΣ;
"..ΓΕΙΑ ΣΟΥ!.. ΕΡΧΟΜΑΙ ΣΥΧΝΑ ΕΔΩ;"
Αρκάς

ΣΚΕΠΤΟΜΑΙ ΝΑ ΠΑΩ ΝΑ ΜΑΘΩ ΚΟΜΠΙΟΥΤΕΡ, ΑΛΛΑ ΦΟΒΑΜΑΙ ΜΗΠΩΣ ΔΕΝ ΤΑ ΚΑΤΑΦΕΡΩ, ΓΙΑΤΙ ΑΥΤΑ ΕΙΝΑΙ ΠΟΛΥΠΛΟΚΑ ΜΗΧΑΝΗΜΑΤΑ!.. ΔΙΑΒΑΣΑ ΟΤΙ ΕΝΑ ΚΟΜΠΙΟΥΤΕΡ ΜΠΟΡΕΙ ΝΑ ΝΙΚΗΣΕΙ ΕΝΑΝ ΑΝΘΡΩΠΟ ΣΤΟ ΣΚΑΚΙ!..
ΕΣΕΝΑ ΜΠΟΡΕΙ ΝΑ ΣΕ ΝΙΚΗΣΕΙ ΚΑΙ ΣΤΟ ΤΡΕΞΙΜΟ.
ΜΑ ΤΙ ΣΟΥ ΧΡΕΙΑΖΟΝΤΑΙ ΤΑ ΚΟΜΠΙΟΥΤΕΡ;
ΜΟΥ ΕΙΠΑΝ ΟΤΙ ΜΕΣΑ ΣΤΟ ΙΝΤΕΡΝΕΤ ΜΠΟΡΕΙΣ ΝΑ ΚΑΝΕΙΣ ΓΝΩΡΙΜΙΕΣ ΜΕ ΠΑΡΑ ΠΟΛΛΕΣ ΓΥΝΑΙΚΕΣ ΚΑΙ ΕΤΣΙ ΜΠΟΡΕΙΣ ΝΑ ΔΙΑΛΕΞΕΙΣ ΤΗΝ ΚΑΛΥΤΕΡΗ!..
...ΓΙΑΤΙ, ΠΡΕΠΕΙ ΝΑ ΞΕΡΕΙΣ, ΓΕΡΑΣΙΜΕ, ΟΤΙ ΜΟΥ ΑΡΕΣΟΥΝ ΟΙ ΓΥΝΑΙΚΕΣ, ΑΛΛΑ ΟΧΙ ΟΛΕΣ!..ΕΙΜΑΙ ΠΟΛΥ ΕΚΛΕΚΤΙΚΟΣ!
ΔΗΛΑΔΗ, ΒΡΕ ΧΑΡΑΛΑΜΠΕ, ΣΤΗΝ ΗΛΙΚΙΑ ΣΟΥ, ΤΙ ΘΑ ΗΘΕΛΕΣ ΝΑ ΕΧΕΙ ΜΙΑ ΓΥΝΑΙΚΑ;
ΣΦΥΓΜΟ!
Αρκάς

ΜΑ, ΣΤ'ΑΛΗΘΕΙΑ, ΠΙΣΤΕΥΕΙΣ, ΒΡΕ ΧΑΡΑΛΑΜΠΕ, ΟΤΙ ΣΤΗΝ ΗΛΙΚΙΑ ΠΟΥ ΗΜΑΣΤΕ, ΜΠΟΡΕΙ ΝΑ ΓΥΡΙΣΕΙ ΝΑ ΜΑΣ ΚΟΙΤΑΞΕΙ ΚΑΠΟΙΑ ΓΥΝΑΙΚΑ;
ΓΙΑΤΙ ΟΧΙ;.. ΙΣΑ-ΙΣΑ ΠΟΥ ΤΑ ΧΡΟΝΙΑ ΣΕ ΚΑΝΟΥΝ ΚΑΛΥΤΕΡΟ!..
ΝΑΙ, ΑΝ ΕΙΣΑΙ ΚΟΝΙΑΚ!

...ΕΜΕΝΑ, ΠΑΝΤΩΣ, ΠΕΡΝΑΕΙ ΑΚΟΜΑ Η ΜΠΟΓΙΑ ΜΟΥ!.. ΝΑ, ΠΡΟΧΤΕΣ ΠΗΓΑ ΣΤΟΝ ΓΙΑΤΡΟ ΚΑΙ ΓΔΥΘΗΚΑ ΓΙΑ ΝΑ ΜΕ ΕΞΕΤΑΣΕΙ!.. Ε, ΛΟΙΠΟΝ ΕΠΡΕΠΕ ΝΑ ΔΕΙΣ ΠΩΣ ΜΕ ΚΟΙΤΑΖΕ Η ΝΟΣΟΚΟΜΑ!..
...ΣΕ ΕΝΤΥΝΕ ΜΕ ΤΑ ΜΑΤΙΑ.
Αρκας

ΞΕΡΕΙΣ ΤΙ ΜΟΥ ΑΡΕΣΕΙ ΣΤΗΝ ΗΛΙΚΙΑ ΜΑΣ;
ΤΙ;
ΟΤΙ ΕΙΜΑΣΤΕ ΠΟΛΥ ΓΕΡΟΙ ΓΙΑ ΝΑ ΠΕΘΑΝΟΥΜΕ ΝΕΟΙ.

ΤΙ ΓΡΑΦΕΙΣ ΕΚΕΙ;
ΤΑ ΠΡΑΓΜΑΤΑ ΠΟΥ ΧΡΕΙΑΖΟΜΑΣΤΕ ΑΠΟ ΤΟ ΣΟΥΠΕΡΜΑΡΚΕΤ... ΕΧΟΥΜΕ ΚΑΙ ΛΕΜΕ: ΧΑΡΤΙ ΥΓΕΙΑΣ, ΡΥΖΙ, ΜΙΣΟ ΚΟΤΟΠΟΥΛΟ...
ΕΓΩ ΛΕΩ ΑΝΤΙ ΓΙΑ ΚΟΤΟΠΟΥΛΟ, ΝΑ ΠΑΡΟΥΜΕ ΜΟΣΧΑΡΙΣΙΟ ΦΙΛΕΤΟ.
ΔΕΝ ΣΕ ΡΩΤΗΣΑ!
ΔΗΛΑΔΗ ΕΓΩ ΔΕΝ ΕΧΩ ΓΝΩΜΗ ΕΔΩ ΜΕΣΑ;
ΟΧΙ!..ΓΙΑΤΙ ΕΙΣΑΙ ΓΚΡΙΝΙΑΡΗΣ, ΑΠΑΙΤΗΤΙΚΟΣ ΚΑΙ ΚΑΚΟΜΑΘΗΜΕΝΟΣ!
Αρκάς
ΩΡΑΙΑ!.. ΚΑΚΟ ΣΚΥΛΙ ΨΗΦΟ ΔΕΝ ΕΧΕΙ!

ΕΙΜΑΙ ΣΙΓΟΥΡΟΣ ΟΤΙ ΚΑΘΕ ΦΟΡΑ ΠΟΥ ΕΡΧΟΜΑΣΤΕ ΕΔΩ, ΣΥΝΕΙΔΗΤΟΠΟΙΕΙΣ ΠΟΣΟ ΑΠΟΤΥΧΗΜΕΝΟΣ ΚΑΚΟΜΟΙΡΗΣ ΕΙΣΑΙ!
ΓΙΑΤΙ;
ΓΙΑΤΙ ΥΠΑΡΧΟΥΝ ΤΟΣΑ ΠΡΑΓΜΑΤΑ ΓΥΡΩ ΣΟΥ ΚΙ ΕΣΥ ΔΕΝ ΜΠΟΡΕΙΣ ΝΑ ΑΓΟΡΑΣΕΙΣ ΤΙΠΟΤΑ.
ΜΠΟΡΩ ΝΑ ΑΓΟΡΑΣΩ ΤΑ ΑΠΑΡΑΙΤΗΤΑ ΚΙ ΑΥΤΟ ΜΟΥ ΦΤΑΝΕΙ!..ΥΠΑΡΧΟΥΝ ΑΝΘΡΩΠΟΙ ΠΟΥ ΠΕΙΝΑΝΕ!..
...ΚΑΠΟΙΟΣ ΠΑΡΑΠΟΝΙΟΤΑΝ ΟΤΙ ΔΕΝ ΕΧΕΙ ΠΑΠΟΥΤΣΙΑ, ΜΕΧΡΙ ΠΟΥ ΣΥΝΑΝΤΗΣΕ ΚΑΠΟΙΟΝ ΠΟΥ ΔΕΝ ΕΙΧΕ ΠΟΔΙΑ!
ΕΤΣΙ Ε;
ΒΕΒΑΙΩΣ!..ΑΚΟΜΑ ΚΙ ΑΥΤΟΣ ΠΟΥ ΔΕΝ ΕΧΕΙ ΠΟΔΙΑ ΘΑ ΣΤΑΜΑΤΗΣΕΙ ΝΑ ΠΑΡΑΠΟΝΙΕΤΑΙ ΜΟΛΙΣ ΣΥΝΑΝΤΗΣΕΙ ΚΑΠΟΙΟΝ ΣΕ ΑΚΟΜΑ ΧΕΙΡΟΤΕΡΗ ΚΑΤΑΣΤΑΣΗ!
ΣΩΣΤΑ!..
...ΚΑΙ ΟΛΟΙ ΘΑ ΣΤΑΜΑΤΗΣΟΥΝ ΝΑ ΠΑΡΑΠΟΝΙΟΥΝΤΑΙ ΜΟΛΙΣ ΣΥΝΑΝΤΗΣΟΥΝ ΕΣΕΝΑ.
Αρκάς

ΒΑΛΕ ΠΙΟ ΣΙΓΑ ΤΗΝ ΤΗΛΕΟΡΑΣΗ!.. ΜΕ ΕΧΕΙ ΠΙΑΣΕΙ ΠΟΝΟΚΕΦΑΛΟΣ!
ΝΑ ΓΡΑΦΤΕΙΣ ΣΤΟ Σ.Σ.Σ.Σ.Σ.
ΤΙ ΕΙΝΑΙ ΑΥΤΟ;
ΣΥΛΛΟΓΟΣ ΓΙ'ΑΥΤΟΥΣ ΠΟΥ ΤΟΥΣ ΕΝΟΧΛΕΙ Ο ΘΟΡΥΒΟΣ.
Αρκάς

ΖΑΧΑΡΙΑ, ΝΑ ΣΕ ΡΩΤΗΣΩ ΚΑΤΙ;
ΟΧΙ ΤΩΡΑ!.. ΜΕ ΒΡΙΣΚΕΙΣ ΣΕ ΑΣΧΗΜΗ ΣΤΙΓΜΗ!
ΓΙΑΤΙ;
ΓΙΑΤΙ ΜΙΛΑΩ ΜΑΖΙ ΣΟΥ.
ΓΙΑ ΠΕΣ ΜΟΥ, ΣΕ ΠΑΡΑΚΑΛΩ, ΤΙ ΣΟΥ ΕΧΩ ΚΑΝΕΙ ΚΑΙ ΜΟΥ ΦΕΡΕΣΑΙ ΕΤΣΙ;
ΤΙΠΟΤΑ!.. ΑΠΛΩΣ ΔΕΝ ΤΑΙΡΙΑΖΟΥΜΕ.
ΤΙ ΕΝΝΟΕΙΣ, ΔΕΝ ΤΑΙΡΙΑΖΟΥΜΕ;
ΕΓΩ ΕΙΜΑΙ ΥΔΡΟΧΟΟΣ ΚΙ ΕΣΥ ΕΙΣΑΙ ΓΕΛΟΙΟΣ.
Αρκάς

ΚΑΛΩΣ ΤΟΝ ΧΑΡΑΛΑΜΠΟ!.. ΠΩΣ ΑΠΟ 'ΔΩ ΤΕΤΟΙΑ ΩΡΑ;
ΝΑ, ΓΥΡΙΖΑ ΑΠ' ΤΟΝ ΓΙΑΤΡΟ ΜΕ ΤΑΞΙ, ΑΛΛΑ ΜΕ ΑΦΗΣΕ ΕΔΩ ΣΤΗ ΓΩΝΙΑ, ΓΙΑΤΙ ΤΟΝ ΕΠΙΑΣΕ ΛΑΣΤΙΧΟ!.. ΚΑΙ ΑΦΟΥ ΗΜΟΥΝ ΚΟΝΤΑ, ΕΙΠΑ Ν'ΑΝΕΒΩ ΝΑ ΣΕ ΔΩ ΛΙΓΟ!
ΚΑΛΑ ΕΚΑΝΕΣ!.. ΠΕΡΑΣΕ ΝΑ ΚΑΘΙΣΕΙΣ
ΝΑΙ, ΝΑ ΚΑΘΙΣΩ, ΓΙΑΤΙ ΥΠΟΦΕΡΩ ΑΠΟ ΡΕΥΜΑΤΙΣΜΟΥΣ!
ΚΑΙ ΤΙ ΗΘΕΛΕΣ; ΝΑ ΠΕΡΝΑΣ ΥΠΕΡΟΧΑ ΑΠΟ ΡΕΥΜΑΤΙΣΜΟΥΣ;
ΠΑΝΤΩΣ, ΑΝ ΕΞΑΙΡΕΣΕΙΣ ΤΟΥΣ ΡΕΥΜΑΤΙΣΜΟΥΣ, Ο ΓΙΑΤΡΟΣ ΜΟΥ ΕΙΠΕ ΟΤΙ ΕΧΩ ΦΥΣΙΚΗ ΚΑΤΑΣΤΑΣΗ ΝΕΟΓΕΝΝΗΤΟΥ ΜΩΡΟΥ!..
Ε, ΒΕΒΑΙΑ!.. ΔΕΝ ΕΧΕΙΣ ΜΑΛΛΙΑ, ΔΕΝ ΕΧΕΙΣ ΔΟΝΤΙΑ ΚΑΙ ΚΑΤΟΥΡΙΕΣΑΙ ΕΠΑΝΩ ΣΟΥ...
...ΚΑΙ ΤΟ ΒΑΣΙΚΟΤΕΡΟ: ΑΝ ΤΡΥΠΗΣΕΙ ΤΟ ΛΑΣΤΙΧΟ ΕΡΧΕΣΑΙ ΧΩΡΙΣ ΝΑ ΣΕ ΠΕΡΙΜΕΝΟΥΝ.
Αρκάς

Α, ΔΕ ΣΟΥ ΕΙΠΑ, ΓΝΩΡΙΣΑ ΜΙΑ ΜΙΚΡΗ!.. ΔΕΝ ΘΑ 'ΝΑΙ ΟΥΤΕ ΕΙΚΟΣΙΠΕΝΤΕ ΧΡΟΝΩΝ!
ΜΗΠΩΣ ΕΙΝΑΙ ΕΠΙΚΙΝΔΥΝΑ ΑΥΤΑ ΤΑ ΠΡΑΓΜΑΤΑ ΓΙΑ ΤΗΝ ΗΛΙΚΙΑ ΣΟΥ, ΒΡΕ ΧΑΡΑΛΑΜΠΕ;
ΟΧΙ, ΒΕΒΑΙΑ!.. Ο ΓΙΑΤΡΟΣ Ο ΙΔΙΟΣ ΣΗΜΕΡΑ ΜΕ ΡΩΤΗΣΕ ΠΟΝΗΡΑ: "ΑΠΟ ΓΥΝΑΙΚΕΣ ΠΩΣ ΠΑΜΕ;" ΚΑΙ ΜΟΥ ΕΚΛΕΙΣΕ ΤΟ ΜΑΤΙ!..
ΣΗΜΕΡΑ ΣΟΥ ΕΚΛΕΙΣΕ ΤΟ ΜΑΤΙ, ΑΥΡΙΟ ΘΑ ΣΟΥ ΚΛΕΙΣΕΙ ΤΑ ΜΑΤΙΑ.
ΚΑΙ ΠΩΣ ΤΗ ΛΕΝΕ ΑΥΤΗ ΤΗΝ ΚΟΠΕΛΑ;
ΕΕΕ... ΣΤΑΣΟΥ ΝΑ ΘΥΜΗΘΩ... ΕΕΕ... ΜΙΣΟ ΛΕΠΤΟ... ΝΑ ΕΔΩ, ΣΤΗΝ ΑΚΡΗ ΤΗΣ ΓΛΩΣΣΑΣ ΤΟ ΕΧΩ ΤΟ ΟΝΟΜΑ ΤΗΣ...
ΑΦΤΡΑ ΤΗ ΛΕΝΕ;
Αρκάς

...ΤΟΤΕ ΛΟΙΠΟΝ, ΤΗΝ ΚΟΙΤΑΞΑ ΜΕ ΝΟΗΜΑ ΚΑΙ ΤΗΣ ΕΙΠΑ: "ΔΕΣΠΟΙΝΙΣ, ΕΙΣΤΕ ΠΟΛΥ ΟΜΟΡΦΗ!.. ΘΑ ΘΕΛΑΤΕ ΝΑ ΠΑΜΕ ΓΙΑ ΕΝΑΝ ΚΑΦΕ;"... "ΟΧΙ", ΜΟΥ ΛΕΕΙ...
ΚΑΙ ΤΙ ΣΟΥ ΑΠΑΝΤΗΣΕ;
..."ΑΥΤΟ" ΤΗΣ ΛΕΩ, "ΘΑ ΤΟ ΕΚΛΑΒΩ ΣΑΝ "ΝΑΙ", ΓΙΑΤΙ ΑΠΟ ΤΗ ΜΕΓΑΛΗ ΠΕΙΡΑ ΠΟΥ ΕΧΩ ΣΤΙΣ ΓΥΝΑΙΚΕΣ, ΞΕΡΩ ΟΤΙ ΠΑΝΤΑ ΛΕΝΕ ΤΟ ΑΝΤΙΘΕΤΟ ΑΠ'ΑΥΤΟ ΠΟΥ ΣΚΕΠΤΟΝΤΑΙ"...
"ΜΗΝ ΠΑΣ ΣΤΟ ΔΙΑΒΟΛΟ"
Αρκάς

...ΛΟΙΠΟΝ ΟΙ ΓΥΝΑΙΚΕΣ ΕΧΟΥΝ ΑΠΟΘΡΑΝΣΥΝΘΕΙ ΕΝΤΕΛΩΣ!.. ΠΡΟΧΤΕΣ ΠΟΥ ΠΗΓΑ ΣΤΗΝ ΕΦΟΡΙΑ, Η ΥΠΑΛΛΗΛΟΣ ΜΕ ΚΟΙΤΑΞΕ ΚΑΛΑ-ΚΑΛΑ ΚΑΙ ΜΟΥ ΕΙΠΕ: "ΘΕΛΩ ΤΟ ΚΟΡΜΙ ΣΑΣ"...
ΜΗΠΩΣ ΠΑΡΑΚΟΥΣΕΣ; ΜΗΠΩΣ ΣΟΥ ΕΙΠΕ: "ΘΕΛΩ ΤΟ ΑΦΙΜΙ ΣΑΣ";
ΛΕΣ;.. ΜΠΟΡΕΙ!.. ΙΣΩΣ ΓΙ' ΑΥΤΟ ΦΩΝΑΞΕ ΤΟΝ ΑΣΤΥΦΥΛΑΚΑ, ΟΤΑΝ ΠΗΓΑ ΝΑ ΤΗΝ ΑΓΚΑΛΙΑΣΩ!..
ΘΕΕ ΜΟΥ!.. ΤΟ ΕΧΕΙ ΧΑΣΕΙ ΠΙΑ ΕΝΤΕΛΩΣ!.. ΕΙΝΑΙ ΕΠΙΚΙΝΔΥΝΟ ΝΑ ΚΥΚΛΟΦΟΡΕΙ ΕΞΩ!
ΕΙΠΕΣ ΤΙΠΟΤΑ;
ΝΑΙ, ΛΕΩ ΟΤΙ ΟΤΑΝ ΒΓΑΙΝΕΙΣ, ΝΑ ΚΡΕΜΑΣ ΑΠΑΝΩ ΣΟΥ ΜΙΑ ΠΙΝΑΚΙΔΑ ΠΟΥ ΝΑ ΓΡΑΦΕΙ:..
..."ΠΡΟΣΟΧΗ ΣΤΟ ΚΕΝΟ ΜΕΤΑΞΥ ΔΕΞΙΟΥ ΚΑΙ ΑΡΙΣΤΕΡΟΥ ΑΥΤΙΟΥ"
Αρκάς

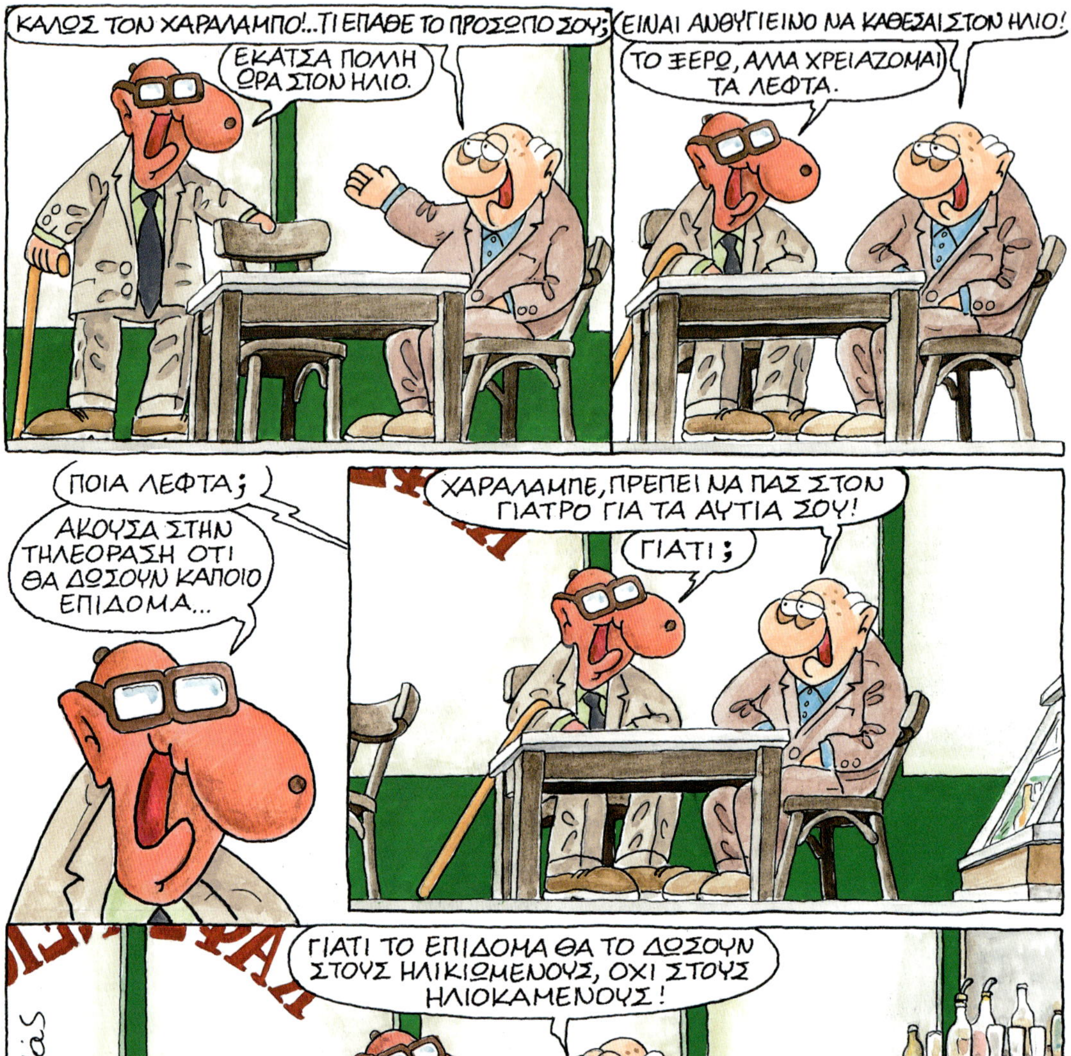
ΚΑΛΩΣ ΤΟΝ ΧΑΡΑΛΑΜΠΟ!..ΤΙ ΕΠΑΘΕ ΤΟ ΠΡΟΣΩΠΟ ΣΟΥ;
ΕΚΑΤΣΑ ΠΟΛΛΗ ΩΡΑ ΣΤΟΝ ΗΛΙΟ.
ΕΙΝΑΙ ΑΝΘΥΓΙΕΙΝΟ ΝΑ ΚΑΘΕΣΑΙ ΣΤΟΝ ΗΛΙΟ!
ΤΟ ΞΕΡΩ, ΑΛΛΑ ΧΡΕΙΑΖΟΜΑΙ ΤΑ ΛΕΦΤΑ.
ΠΟΙΑ ΛΕΦΤΑ;
ΑΚΟΥΣΑ ΣΤΗΝ ΤΗΛΕΟΡΑΣΗ ΟΤΙ ΘΑ ΔΩΣΟΥΝ ΚΑΠΟΙΟ ΕΠΙΔΟΜΑ...
ΧΑΡΑΛΑΜΠΕ, ΠΡΕΠΕΙ ΝΑ ΠΑΣ ΣΤΟΝ ΓΙΑΤΡΟ ΓΙΑ ΤΑ ΑΥΤΙΑ ΣΟΥ!
ΓΙΑΤΙ;
ΓΙΑΤΙ ΤΟ ΕΠΙΔΟΜΑ ΘΑ ΤΟ ΔΩΣΟΥΝ ΣΤΟΥΣ ΗΛΙΚΙΩΜΕΝΟΥΣ, ΟΧΙ ΣΤΟΥΣ ΗΛΙΟΚΑΜΕΝΟΥΣ!
Αρκάς

ΓΕΡΑΣΑΜΕ, ΓΕΡΑΣΙΜΕ!
ΚΛΑΨ' ΤΑ ΧΑΡΑΛΑΜΠΕ!
ΚΑΦΕΝΕΙΟΝ

Άλλα βιβλία του Αρκά από τις εκδόσεις «γράμματα»

Ο Κόκκορας
1. Σιγά τ' αυγά
2. Χοντρά κόλπα
3. Πετάει πετάει
4. Νυχτερινά επεισόδια
5. Αδιέξοδα
6. Συναναστροφές
7. Κορίτσια, μας βιάζουνε!

Show business
1. Έλα στο καμαρίνι μου
2. Πάμε πρόβα
3. Μεγάλο φινάλε

Χαμηλές Πτήσεις
1. Μπαμπά πετάω!
2. Σπουργίτι είσαι και φαίνεσαι
3. Τίμα τον πατέρα σου...
4. Κάνε πουλί να δεις καλό...
5. Αν πετάξει το πουλί...
6. ...Με τον κηδεμόνα σου
7. Το έξυπνο πουλί...

Πειραματόζωα
1. Δεν βλέπω βελτίωση
2. Έχω πολλά στο μυαλό μου
3. Νιώθω λίγο κομμένος

Οι Συνομήλικοι
1. Ο χειρότερος φίλος του ανθρώπου
2. Γερνάει καλύτερα όποιος γερνάει τελευταίος

Η ζωή μετά
1. Αιωνιότητα είναι θα περάσει
2. Δουλειά δεν είχε ο διάβολος
3. Ένα θάνατο τον έχουμε
4. Για καλό και για κακό
5. Σκέπτομαι κι ας μην υπάρχω
6. Το φύλο των αγγέλων
7. Ο Θεός είναι καλός άνθρωπος
8. Θανάσιμα Αμαρτήματα

Καστράτο
1. Απρέπειες
2. Όσο πατάει η γάτα
3. Εκτός ελέγχου
4. Περί ορέξεως
5. Γάτα είναι και γυρίζει
6. Παρενοχλήσεις
7. Η πιο σκύλα γάτα

Επίτομα
1. Ο Κόκκορας
2. Σόου Μπίζνες
3. Ο Ισοβίτης
4. Καστράτο
5. Χαμηλές Πτήσεις
6. Ξυπνάς μέσα μου το ζώο
7. Πειραματόζωα
8. Η ζωή μετά

Ο Καλός Λύκος

Εχθροί εξ αίματος (θεατρικό)